U0226725

Crinkleroot's

森林爷爷自然课

你应该知道的 25 种鱼

[美] 吉姆·阿诺斯基　著/绘

洪宇　译

人民东方出版传媒
People's Oriental Publishing & Media
东方出版社
The Oriental Press

伟大的博物学家欧内斯特·汤普森·塞顿在他的《森林知识》一书中，列出了他认为每个孩子都应该认识的40种鸟类。

虽然我并不同意他的一些选择，但这份清单引发了我的思考：每个孩子应该认识多少种鸟？多少种鱼？多少种哺乳动物？……

于是，我特意为孩子们编绘了"森林爷爷自然课动物图鉴"系列（25种鸟类、25种鱼类、25种哺乳动物和25种其他动物）旨在帮助孩子们认识动物王国的大部分常见种类。

我希望我的选择能引发家长和老师们的思考，就像塞顿先生引发了我的思考那样，哪些动物应该被包括在这份孩子的自然认知清单中。小朋友，你也可以发表自己的意见哟！

吉姆·阿诺斯基

小朋友，你好！我是森林爷爷克林克洛特。我是所有动物们的好朋友。你认识多少种动物呢？

在这本书里，有 25 种你应该认识的鱼。

鳃

鱼生活在水里，可以在水下呼吸，因为它们有鳃。

鱼通过摆动鳍来游动和控制身体平衡。

有些鱼可以灵活地跃出水面，鳞片银光闪闪
亮，啪嗒一声，又落回水里。

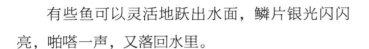

有些鱼游得很慢，就像水
中的一道影子。

有些鱼生活在淡水中，比如书中的前 12 种鱼；有些鱼生活在海水中，
比如书中的后 13 种鱼。

欢迎你来研究鱼！

你的朋友
森林爷爷克林克洛特

小朋友，请给这些可爱的动物涂上颜色吧！别着急，慢慢涂，要注意细节哟！

金鱼

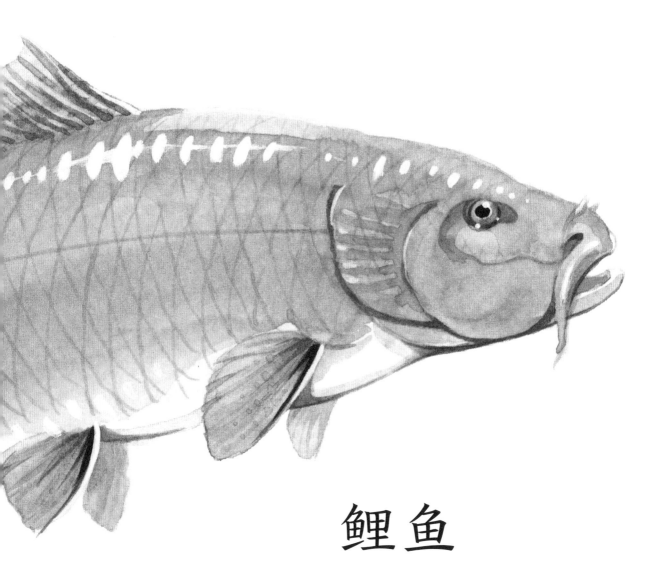

鲤鱼

金鱼

鲤鱼

太阳鱼

大口黑鲈

太阳鱼

大口黑鲈

河鲈

鳟鱼

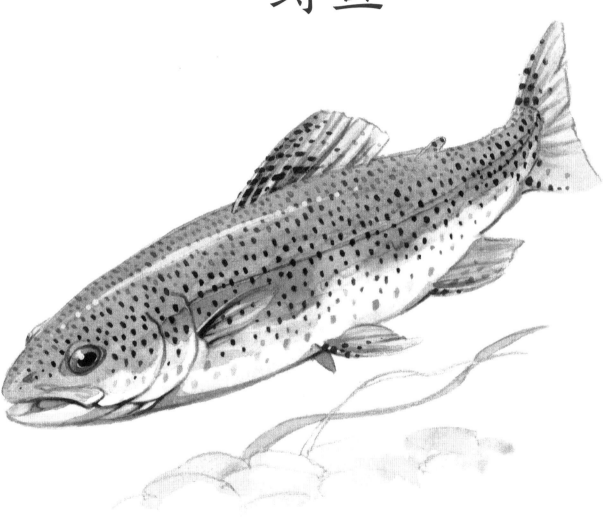

河鲈

鳟鱼

鲦鱼

吸口鱼

鲇鱼

鲦鱼

吸口鱼

鲶鱼

雀鳝

狗鱼

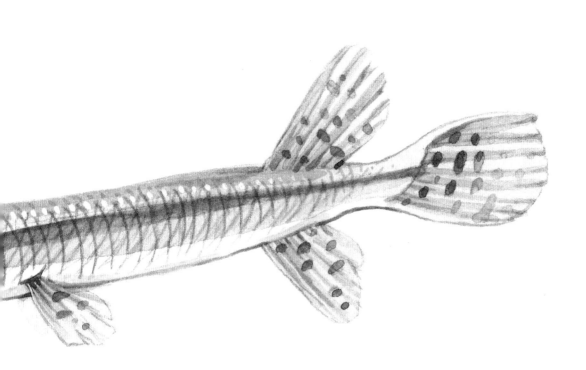

雀鱔

狗鱼

鳗鱼

比目鱼

鳗鱼

比目鱼

鲱鱼

鳕鱼

鲭鱼

鲱鱼

鳕鱼

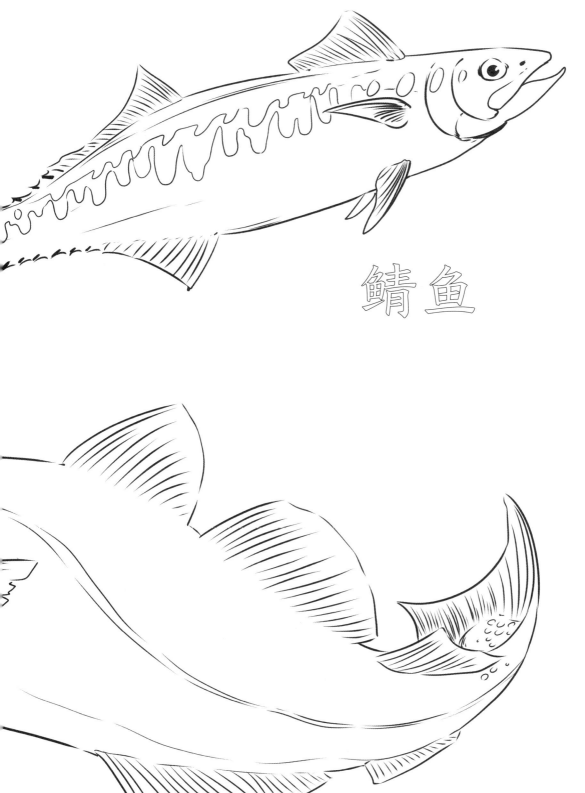

鲭鱼

梭鱼

鲹鱼

梭鱼

鲹鱼

金枪鱼

剑鱼

金枪鱼

剑鱼

刺魟（hóng）

鲨鱼

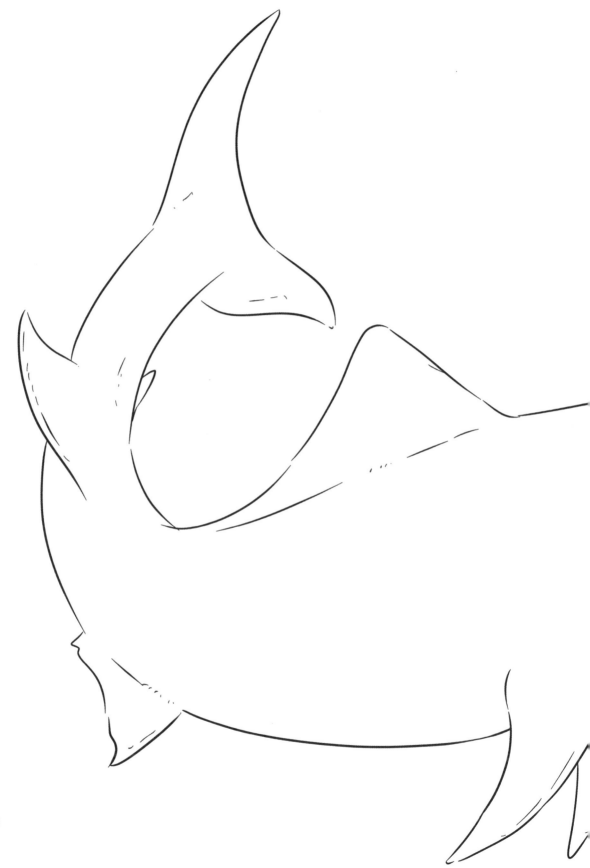

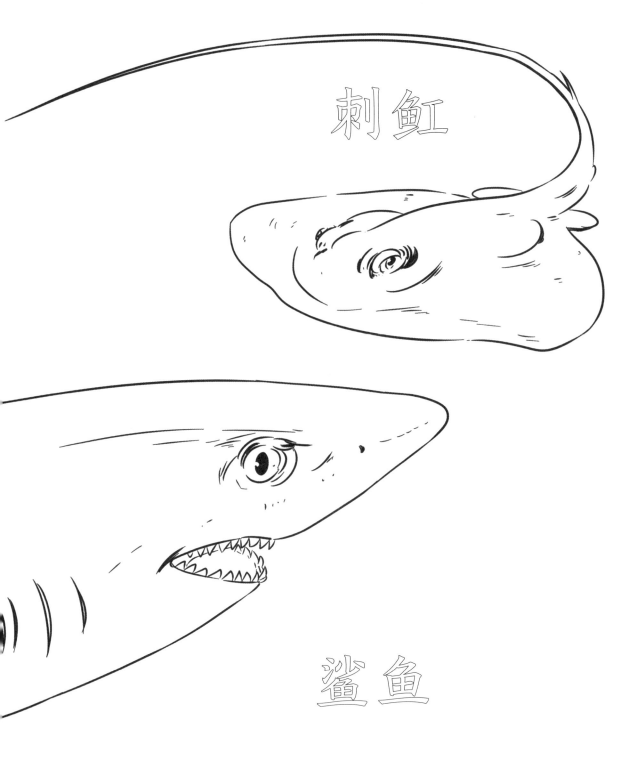

刺魟

鲨鱼

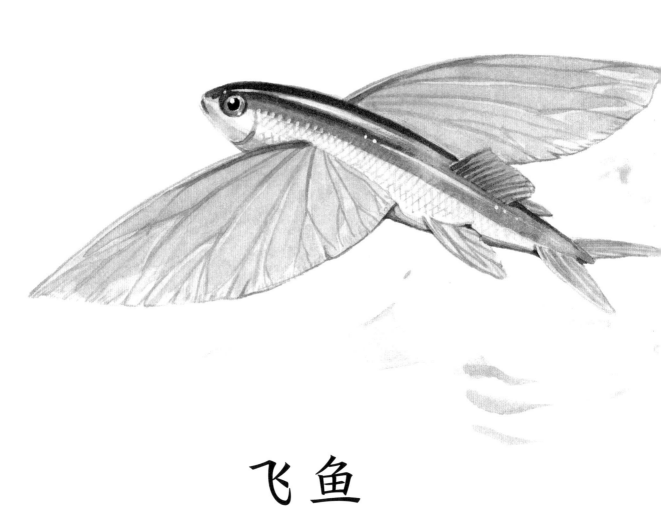

飞鱼

神仙鱼

海马

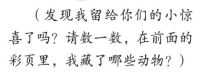

（发现我留给你们的小惊
喜了吗？请数一数，在前面的
彩页里，我藏了哪些动物？）

49

飞鱼

神仙鱼

海马

图书在版编目（CIP）数据

森林爷爷自然课.你应该知道的25种鱼　/（美）吉姆·阿诺斯基著绘；洪宇译
.—北京：东方出版社，2021.11
ISBN 978-7-5207-2093-9

Ⅰ.①森… Ⅱ.①吉… ②洪… Ⅲ.①自然科学－儿童读物②鱼类－儿童读物
Ⅳ.① N49 ② Q959.4-49

中国版本图书馆 CIP 数据核字（2021）第 041760 号

森林爷爷自然课（全 12 册）
（SENLIN YEYE ZIRAN KE）

著　　绘：[美]吉姆·阿诺斯基
译　　者：洪　宇
策 划 人：张　旭
责任编辑：丁胜杰
产品经理：丁胜杰
出　　版：东方出版社
发　　行：人民东方出版传媒有限公司
地　　址：北京市西城区北三环中路 6 号
邮　　编：100120
印　　刷：鸿博昊天科技有限公司
版　　次：2021 年 11 月第 1 版
印　　次：2021 年 11 月第 1 次印刷
印　　数：1—10000 册
开　　本：650 毫米 ×1000 毫米　1/12
印　　张：44
字　　数：420 千字
书　　号：ISBN 978-7-5207-2093-9
定　　价：238.00 元
发行电话：（010）85924663　85924644　85924641